AF264027

SUR L'APPRÉHENSION

DU

Choléra-Morbus;

les

MOYENS PROPOSÉS POUR S'EN PRÉSERVER;

CEUX QUI CONVIENDRAIENT,

Surtout à Troyes,

Si cette Ville s'en voyait menacée;

Par H. BÉDOR, Docteur-Médecin,

MEMBRE-SECRÉTAIRE DU CONSEIL DE SALUBRITÉ DE TROYES.

> « *Ex dictis ergò concludere liceat, paludibus mœni a cin-*
> *gentibus exsiccatis; aquis salubrioribus ad diversas partes*
> *defluentibus; sordibus ex publicis viis sedulò remotis;*
> *circulatoribus sciolisque expulsis : minores strages edi-*
> *turos esse morbos, felicioresque fore trecenses cives.*
>
> » (PICARD, de aere locis et aquis trecarum.) »

De ce qui a été démontré, concluons donc que, si on des-
sèche les marais qui environnent nos remparts ; si des eaux
plus salubres s'écoulent en divers sens ; si l'on fait soigneu-
sement disparaître les immondices de la voie publique ; si
l'on expulse les charlatans et les demi-savans, les maladies
feront moins de ravages à Troyes, et les habitans y seront
plus heureux.

TROYES.

A LA LIBRAIRIE DU COMMERCE DE BOUQUOT,

RUE NOTRE-DAME, N° 86.

SEPTEMBRE. — MDCCCXXXI.

J'offre

l'hommage

DE

Cet Opuscule,

En tribut de mon dévouement

A mes Concitoyens.

SUR L'APPRÉHENSION

DU

CHOLÉRA-MORBUS ;

LES

MOYENS PROPOSÉS POUR S'EN PRÉSERVER ;

CEUX QUI CONVIENDRAIENT,

SURTOUT A TROYES,

SI CETTE VILLE S'EN VOYAIT MENACÉE.

J'AI déjà signalé à mes concitoyens, dans l'un des écrits périodiques imprimés dans notre ville, en remontant sans détour à sa cause évidente, la *rareté des spécialités médicales appelées en France à participer officiellement aux affaires publiques, même les plus de leur ressort.*

Il me semble à noter, d'abord, que c'est dans un sens conforme au mien que M. le docteur Double [*], après avoir témoigné à l'Académie royale de Médecine (en lui lisant, dans sa séance du 20 de ce mois, la seconde partie de son intéressant rapport sur le choléra-morbus) toute sa défiance de ce que peut quelquefois conseiller la *bonne foi du non savoir,* a dit souhaiter que, pour éclairer les ambassadeurs et les consuls français, on leur attachât des médecins élus par des juges compétens, et non par l'administration seule. Ce serait le meilleur moyen de prévenir les

---

[*] Les dix autres Membres de la commission de l'Académie de Médecine qui a choisi M.r Double pour rapporteur, sont MM. Kéraudren, Chomel, Boisseau, Desportes, Marc, Dupuytren, Pelletier, Desgenettes et Emery.

fausses nouvelles médicales qui nous arrivent souvent de nos ambassades et de nos consulats.

On a lu, dans plusieurs des écrits périodiques répandus dans notre ville, le singulier moyen qui consiste à contracter la gale, moyen conseillé par le médecin espagnol don Gallos, et, d'après lui, par M. le professeur agrégé Cottereau, comme un très-bon préservatif contre la redoutable épidémie. Je n'y reviendrai donc pas. — Je n'emprunterai rien non plus aux phrases scholastiquement oiseuses, dénuées d'intérêt et par fois même de sens, publiées, sur notre sujet, par des distributeurs d'adresses, prôneurs d'absurdes arcanes, exploitant la jonglerie des *brochures-affiches* dans Paris, d'où, grâce à la vénalité des annonces de journaux, ils en infestent nos départemens, qui ont plus que jamais besoin de désapprendre à tout admettre sur parole dans ce que leur jette la capitale. J'aime certainement mieux l'écrit où l'on a proposé de mettre en expension, dans nos villes, des gaz désinfectans, en plaçant un des appareils d'où ils s'émaneraient dans chacun des réverbères qui éclairent les rues la nuit; mais je ne l'en laisserai pas moins de côté aussi bien que certains autres encore auxquels pourtant je ne l'assimile pas.

En parlant de ces autres, voilà M. le docteur Marc, médecin du Roi, qui vient de s'élever fortement, devant l'Académie de Médecine, contre l'abus fait par les annonces du charlatanisme, de ce qu'il a communiqué, de concert avec M. Chantourelle, médecin du ministère des affaires étrangères, sur les propriétés attribuées à l'huile de cajeput contre le choléra-morbus. Cette communication avait pour origine la lettre d'un médecin anglais, adressée à la sœur du roi, dans laquelle un individu notable qui réside dans l'Inde, et qui, bien qu'il ne soit pas médecin, n'en est pas moins très-digne de foi, signale *l'huile de cajeput* comme fort utile dans cette terrible maladie ; mais non comme infaillible, ainsi qu'osent vouloir le crier et le faire proclamer ceux qui en ont à vendre.—On objecterait en vain à ces vendeurs qu'on la sait aussi rare et chère qu'on peut la croire efficace. — Ils vous répondront sans hésiter par l'offre de vous en livrer des tonneaux, si vous en êtes bien amateur, et même à un prix moins effrayant que vous ne l'eussiez pu croire.

Cette huile, dit M. Lesson, savant chirurgien de marine *(voyage médical autour du monde,* p. 88), jouit, dans l'esprit des Malais, des propriétés les plus miraculeuses, propriétés que les européens établis aux Moluques, ont par suite adoptées aveuglement. La fabrication de cette huile n'est, dit-il, dans les mains que d'un petit nombre d'individus; et, à Bourou, elle appartient au résident hollandais et aux radjahs malais.

Du reste, au rapport de M. le docteur Chaponnier, *l'huile camphrée des Indiens,* qu'ils emploient (assure-t-il très-formellement) avec autant de succès, pour arrêter le choléra-morbus à son début, que l'huile de cajeput, l'huile camphrée des Indiens peut très-bien être imitée en France, en faisant dissoudre environ douze grains de camphre par once d'huile d'olives.

A égalité de résultats, la substitution que propose le docteur Chaponnier serait surtout précieuse au plus grand nombre par sa notable économie.

Une tendance prononcée à de pareilles simplifications des innombrables moyens tour à tour proposés pour arriver à un seul but, le soulagement des maux de l'homme et, par suite, la prolongation de ses jours, forme le caractère dominant de la pratique médicale de notre époque, surtout dans les départemens.. Elle honore, on ne saurait davantage, les hommes de l'art que l'on voit travailler sans relâche, et tout-à-fait contre leur intérêt personnel, à lui conserver et lui imprimer chaque jour, de plus en plus, un aussi généreux caractère.

Sans la rigide probité jointe en effet, quoiqu'on en puisse dire, à des lumières positives, chez le plus grand nombre des médecins modernes solidement accrédités dans la confiance publique, leur fortune, dont le rapide accroissement serait encore comme il le fut dans les siècles précédens, en raison directe de l'accroissement des misères humaines, les rendrait facilement censitaires pour tous les genres d'élection et d'éligibilité.

Mais les grands succès d'argent, qu'ils doivent être ou non ceux qui mènent à tout, et qu'on sait uniquement apprécier, ne sont plus, de nos jours, ceux auxquels ils peuvent prétendre. Aucun médecin, et même aucun pharmacien, s'ils sont vraiment instruits et consciencieux, ne sauraient, maintenant, avec les seuls bénéfices de leur état, acquérir mieux qu'une modeste existence et parvenir jamais au degré d'opulence qui semblait assuré jadis aux gens de leur profession dès qu'ils obtenaient du succès. Les plus sages, entre ceux qui l'avouent sans mystère, en parlent bien moins pour s'en plaindre que pour constater philosophiquement une véritable amélioration de notre époque, amélioration immense et dont tout le monde est appelé à profiter, excepté ceux qui en sont à la fois les généreux auteurs et les victimes résignées.

Empruntons sur ce fait quelques lignes aux pages remplies d'indépendances, publiées, l'autre semaine,

par le médecin en chef de l'hôpital de La Rochelle,
M. le docteur Gasté :

« Sans remonter, dit-il, à la polypharmacie des mé-
decins des XVIIe et XVIIIe siècles, leurs successeurs
ont simplifié extraordinairement la thérapeutique et
la matière médicale. Cette révolution importante est
due, quoiqu'on en dise, aux belles découvertes du professeur Broussais et des médecins qui ont su en profiter et leur donner une juste extension. L'exercice de
la médecine, ainsi modifié, a pour double résultat un
traitement moins long et moins dispendieux. Il faut
bien que les médecins et les pharmaciens en prennent
leur parti. Nous ne sommes plus au bon temps où le
traitement d'une fièvre intermittente nécessitait l'emploi de tisannes préparatoires, d'un vomitif ou deux, et
d'autant de purgatifs, pour disposer les premières voies
à recevoir la poudre, l'extrait, le vin et autres prépa-
rations de quinquina, souvent repoussantes, avec lesquelles les malades ne guérissaient pas en peu de jours
ni à bon marché. Dans ce temps là quelques fiévreux
assuraient l'honorable existence d'un médecin et d'un
pharmacien pendant plusieurs semaines, des mois en-
tiers, voire même des années. Aujourd'hui, les prati-
ciens font préparer les tisannes par les gardes-ma-
lades : les pharmaciens s'en affligent ; et, comme l'a
dit M. Coste, bien des médecins sont plus embarrassés
de leur appétit que de leur clientelle. Singulier effet
du progrès des lumières, tout profitable à ceux qui ne
s'en occupent pas, et qui fait presque mourir de faim
ceux qui s'y livrent avec un si généreux désintéresse-
ment ! La médecine physiologique et le sulfate de quinine auraient mis en faillite bien des médecins et pharmaciens, s'ils disposaient des fonds d'autrui.

» Le sulfate de quinine, dit encore le médecin de La Rochelle, à dose modérée, ne produit aucune agression sur les organes digestifs favorablement disposés, et la diminution considérable du prix de ce remède, qu'on vend à peu près le dixième de ce qu'il coûtait il y a dix ans, permet d'en augmenter et prolonger l'usage. »

Cette substance, déjà si précieuse pour la guérison des fièvres, il convient de le dire ici, vient d'être aussi placée, par des écrivains dont l'opinion a beaucoup d'autorité en médecine, au nombre des principaux préservatifs du choléra-morbus, attendu que ses symptômes offrent, selon ces médecins, beaucoup d'analogie avec ceux des fièvres intermittentes que le sulfate de quinine combat avec le plus de succès.

Je désirerais (écrivait d'Amiens, le 9 de ce mois, le savant professeur Barbier) que l'on essayât l'emploi du sulfate de quinine comme préservatif du choléra oriental dans les pays que ravage cette terrible maladie. Deux ou quatre grains de cette substance pris tous les matins par les personnes qui sont exposées à la contagion du choléra, ne donneront-ils pas à leur corps la disposition spéciale que donne le sulfate de quinine quand il empêche la naissance d'un accès de fièvre ? Cette disposition spéciale ne s'opposera-t-elle pas au développement du choléra ?

La brochure de M. le docteur Coster, *sur la nature du choléra-morbus et sur la possibilité d'en prévenir le développement*, propose le même moyen, et il se fonde sur les mêmes raisons :

« Lors, dit-il, qu'une épidémie de choléra se manifeste dans une ville ou ailleurs, il faut considérer tous les individus comme devant bientôt en avoir un

accès. Pour que cet accès n'ait pas lieu, il faut intro-
duire dans l'organisme une substance reconnue propre à en empêcher l'explosion ; car il serait trop tard
d'attendre qu'il se fût déclaré, puisqu'il emporte or-
dinairement le malade sans qu'il soit possible d'en
modérer l'activité.

» Comment et à quelle dose doit-on employer ce
médicament ? Il n'est point nécessaire, il serait même
nuisible d'avoir recours à des doses aussi fortes que
celles employées chez les individus actuellement at-
teints de fièvre pernicieuse ; car il ne faut pas perdre
de vue qu'il est question ici d'individus sains, chez les
quels la prédisposition est certainement moins grande
que chez le malade qui vient d'avoir un accès de fièvre,
et qui en attend un autre.

» Si on emploie l'écorce, on peut se servir de cette
formule : Ecorce de quinquina concassée, une once ;
faites une décoction dans un litre et demi d'eau réduit
à un ; prenez chaque matin un demi-verre de cette
décoction. Si l'on se sert du sulfate de quinine, il
suffira de trois ou quatre grains le matin, pris en deux
fois séparées, pour qu'il ne nuise point aux organes
digestifs.

» En résumé, le choléra-morbus est un accès de fièvre
pernicieuse à son plus haut degré de violence. Il y a
entre ces deux maladies la plus grande analogie de
symptômes, de *causes* et d'*effets.* Le choléra-morbus doit
être attaqué comme un accès de fièvre pernicieuse ;
mais comme la violence de cette maladie ne permet
pas d'intermittence, on ne peut pas attendre cette circonstance pour donner le quinquina : il faut donc en
faire usage avant l'attaque, et dès qu'il y a lieu de
soupçonner que les causes qui produisent le choléra

commencent à exercer leur influence, pour détruire la prédisposition organique à le contracter. »

La même confiance dans la propriété préservative du sulfate de quinine a été professée par M. Courtis-d'Eauze. Ce médecin l'appuie sur l'idée que le choléra ne serait qu'*une fièvre pernicieuse remittente,* et démontre, pour le prouver, qu'il ne s'est montré épidémique qu'en des lieux bas et humides, au bord des fleuves, de la mer ou des rivières.

J'avoue que je partage d'autant plus volontiers le sentiment de ces médecins, qu'outre ce que leur idée a de très-plausible, son adoption, en tout état de choses, doit être sans inconvéniens.

Il est bien loin d'en être de même, à mes yeux, du prétendu moyen préservatif conseillé, dans sa *Notice,* par M. Samuel Lair, et qui consiste à provoquer des vomissemens et des garderobes au moyen de l'eau-de-vie purgative unie à l'émétique. Je le repousse aussi formellement que le projet de méthode curative de M. Duringe, dont le début doit consister à saigner largement, etc. Je lui préfère beaucoup celui que le professeur Fodéré propose dans ses savantes *Recherches historiques* sur notre sujet ; mais dont je n'ai point à parler ici, ne m'occupant que des moyens préservatifs.

En parlant des écrits publiés sur les moyens de se garantir du choléra, je dois sans doute faire une mention particulière de celui de M. Labarraque, offrant comme prophylactique (on pourra dire tout bonnement préservatif si on trouve l'autre mot trop savant), l'emploi, très-prodigué de toutes les manières, du chlorure d'oxide de sodium. Les conseils répandus par ce célèbre pharmacien ne sont pas plus à négliger qu'à suivre trop à la rigueur. Ils rappellent seulement qu'on pourrait bien lui appliquer le mot usité en pareil cas : « *Vous êtes orfèvre, M. Josse !* » attendu qu'il en vend, comme chacun sait, à sa *fabrication en grand des chlorures désinfectans, rue St.-Martin, n° 69, à Paris.*

Le chlore qui, par suite de la déplorable ignorance dans laquelle croupissent les paysans des comitats de la Hongrie, a été pris par eux pour un poison destiné à les faire périr, et vient de les porter à tant d'actes de barbarie envers les personnes éclairées chez lesquelles ils en trouvaient, le chlore paraît très-efficace contre la complication miasmatique, l'une des plus funestes, lors de l'apparition du choléra dans une ville.

C'est ici le cas de rapporter ce qu'écrivait M. Gannal sur le chlore liquide (eau chlorée ou hydrochlore), il y a déjà quelque tems. Beaucoup de monde en pourra faire son profit : « Remarquons, disait-il, jusqu'où peut aller l'empire des dénominations et des mots, dans la chose la plus simple et la plus positive. Présentée sous le nom du pharmacien qui l'a remise en vogue, la *liqueur de Labarraque* est achetée à haut prix (*3 fr. la bouteille*), considérée comme une substance particulière, inconnue jusqu'ici, et non susceptible d'être remplacée par aucune autre préparation ; tandis qu'elle est identiquement, pour la composition comme pour les propriétés, *semblable à l'eau de javelle*, tant employée dans le blanchiment, et qu'on peut acheter chez tous les épiciers, *à raison de 80 centimes le litre.* »

Que devrait, cependant, opposer plus particulièrement Troyes à l'irruption du fléau qui nous occupe, si elle s'en voyait menacée ?

Je ne vais encore parler, sur ce sujet, que d'après l'opinion bien manifestée des médecins ; j'entends de ceux qui consacrent quelques écrits à leur art, et donnent, ainsi, une garantie plus probable qu'ils y pensent et le raisonnent.

On ne peut manquer de distinguer entr'eux tous M. le baron Larrey, dont le mémoire, sur notre sujet, se recommande doublement, et par l'autorité d'un des plus grands noms du service de santé militaire contemporain, et par celle d'une vaste expérience laborieusement fortifiée par des observations recueillies sur presque tous les points des régions habitées du globe.

Le célèbre auteur de ce mémoire, qui a essuyé, lui-même, le choléra-morbus sporadique le plus intense, affirme (page 30) que, dans son opinion, tout bien considéré, on peut être dans une sécurité parfaite sur l'invasion et la propagation du choléra-morbus en France.

Cette maladie n'a, dit-il (page 31), exercé des ravages que dans les lieux fangeux et infects de certaines contrées de l'Asie mineure, de la Russie et de la Pologne que nous connaissons, etc., etc.

Les fatigues excessives, a dit une lettre adressée de Pologne, par M. Gœury du Vivier à M. Breschet, la malpropreté, la mauvaise nourriture, le séjour et l'entassement des hommes dans des endroits marécageux, enfin tout ce qui est susceptible d'affaiblir ou d'épuiser les forces, sont autant de circonstances par lesquelles a *constamment* paru favorisé le développement du choléra.

« Jusqu'à ce jour, vient d'écrire encore de Varsovie, en date du 2 de ce mois (septembre), le docteur Foy, au professeur Magendie, le meilleur préservatif du choléra-morbus a été trouvé dans un régime diététique sévère. Jamais la maladie ne s'est déclarée que sous l'influence d'une cause déterminante quelconque.

Ainsi les sujets avaient, ou une diarrhée ou une dyssenterie, etc.; ou bien ils avaient fait excès de boisson alcoolique, d'eau froide et bourbeuse, d'alimens grossiers ou crus, tels que salade, concombre, poire, prune, etc. »

J'exhorte mes concitoyens à faire leur profit de cette observation aussi précieuse que rassurante. Je la recommande surtout aux personnes assez craintives pour appréhender l'arrivée du mal au point de s'en rendre malades à l'avance, ainsi que j'en connais.

L'établissement de commissions sanitaires multipliées sur tous les points habités, et jusque dans les moindres localités rurales, dès qu'elles seraient susceptibles d'en fournir les élémens, suivant le vœu émis par M. le docteur Croiset, du bourg de Surgères, près la Rochelle, commissions qui devraient être diligentes à correspondre, aussitôt qu'il y aurait lieu, avec le conseil de salubrité le plus voisin, ne me paraît nullement un moyen à négliger.

L'expatriation loin des lieux où se déclare la maladie, si on y a recours avant d'être atteint des premiers symptômes, est sans doute à compter, surtout pour les personnes qui manquent de courage, entre les principaux moyens préservatifs.

Cependant le caractère contagieux, comme l'a dit, dans son rapport fait au nom de la commission qui vient de s'en occuper à la chambre des députés, le savant médecin de Lyon qui en était chargé, le caractère contagieux n'est pas sans doute essentiellement le mode de transmission du choléra. Mais, a-t-il ajouté aussitôt, IL FAUT ADMETTRE que cette maladie, ainsi que tant d'autres qui ne sont point contagieuses de leur nature, peut le devenir dans des circonstances données.

Beaucoup de médecins placent, en tête de ces fatales circonstances, l'altération miasmatique de l'atmosphère, par les émanations de cloaques marécageux, dans l'eau desquels croupissent et se décomposent des herbages morts et des cadavres d'animaux.

En attendant que, revenant sur cette opinion, j'en déduise la conséquence la plus importante pour notre salubrité locale, j'ajouterai à l'admission de la possibilité de contagion, dans des circonstances données, le fait suivant qui autoriserait à croire qu'elles se rencontraient à l'arrivée du choléra dans la capitale de Russie. Il paraît, en effet, que le choléra-morbus a été introduit dans St.-Pétersbourg par une personne qui venait de descendre la Néva dans une barque ; elle en mourut. La seconde personne qui fut atteinte est un homme que ses affaires appelèrent à bord de cette barque, aussitôt après son arrivée. La troisième, est un soldat qui monta la garde dans cette barque, pour empêcher ceux qu'elle contenait de communiquer avec les gens de la ville.

Quoiqu'il en soit, le docteur Hypolite Clocquet, président de la commission médicale française, a écrit de St.-Pétersbourg à l'Académie de Médecine, en date du 16 août, que le choléra épidémique, observé par cette commission et qui, d'ailleurs, avait déjà perdu de son intensité lorsqu'elle arriva, offrait peu de ressemblance avec le choléra sporadique. Son collègue, M. Gueymard (qui fut l'un des chirurgiens de l'expédition maritime commandée par M. le capitaine Freycinet), assure qu'il suffit d'avoir vu une fois le choléra pour ne plus le méconnaître. Il a consigné cette assertion dans une lettre à M. le docteur Keraudren.

Aucun des médecins qui se tiennent au courant de la science n'ignore le travail relatif à la même maladie (mémoire sur le choléra-morbus de l'Inde) qu'a publié ce savant médecin en chef et inspecteur général du service de santé maritime. Il nous a ainsi procuré des données d'un très-haut intérêt, empruntées aux observateurs des pays les plus éloignés du nôtre, et recueillies à leur origine en langues étrangères.

Dans une lettre qu'écrivit, vers la fin de juin dernier, de la ville même de Varsovie, l'un des médecins français envoyés dans cette héroïque et malheureuse cité pour y étudier et soigner le choléra épidémique (M. Brière de Boismont, qui est revenu, il y a peu de jours, à Paris, ayant à sa boutonnière une décoration polonaise), ce docteur a présenté comme un fait démontré à ses yeux, que le *départ* du choléra épidémique est, primitivement, dans le mauvais air que produit la décomposition des matières végétales et animales, rendue plus active par la chaleur et l'humidité.

Le *Journal de l'Aube* a plusieurs fois signalé (mais plus particulièrement dans son numéro du 9 août, année 1827) le grave inconvénient de laisser subsister dans l'enceinte de Troyes, et sur le point le plus central de cette ville, entre la Préfecture et l'Hôtel-Dieu, un vaste cloaque appelé, depuis dix-sept ans et plus qu'il blesse l'odorat et afflige la vue, bassin du canal projeté de navigation de la Haute-Seine. Son comblement est le vœu éclairé que forment tous les médecins qui connaissent nos localités, dans l'intérêt de la salubrité troyenne. Telle objection que l'on puisse lui opposer, en invoquant d'aussi minimes que puissamment paralysantes considérations administratives, ne doit-elle pas céder enfin à l'intime conscience du plus

grand bien à opérer pour le plus grand nombre ? —
On néglige trop, en pareille occasion, je ne saurais
me lasser de le redire, on néglige beaucoup trop d'ap-
peler des spécialités médicales à participer officiellement aux affaires de leur ressort. Et cependant, au
tems actuel, l'application de la science, cultivée par
ces savans, est aussi devenue une vérité.

Celui-là seul d'entr'eux qui ose la mettre dans tout
son jour, en affrontant, sans s'émouvoir, toutes les
clameurs contraires, se montre donc véritablement
digne de sa noble, désintéressée et difficile profession.

M. le président annuel de la société d'agriculture de
l'Aube a dignement exprimé, soit dans sa courte ha-
rangue à S. M. Louis-Philippe, lors de son passage dans
nos murs, soit depuis, dans le discours d'ouverture
de la dernière séance publique de cette société sa-
vante, les regrets qu'éprouve le pays du retard qui,
prolongé dix-sept ans, menace de devenir un abandon
définitif du beau projet, à l'exécution duquel on a
pourtant déjà dépensé deux millions, pour la confec-
tion du canal de la Haute-Seine, dans notre département de l'Aube.

Je ne sais pas ce qu'ont décidé à cet égard les in-
génieurs des ponts et chaussées ; mais, ce que je sais,
et ce que j'ai déjà dit, c'est qu'il y a au milieu de
notre ville un cloaque extrêmement nuisible à la salubrité.

Si je pouvais donc un jour faire passer l'intime
conviction qui pénètre mon esprit dans celui de tous
nos concitoyens !..... — Soudain, de même que dans
une invasion de la patrie, une levée en masse, ordon-
née pour sa défense, rend momentanément tout le

monde guerrier; soudain, par un mouvement de zèle spontané, chaque habitant de notre ville (et certes j'en serais de grand cœur), qui peut disposer d'un moyen de charroi quelconque, ou seulement en couvrir les frais, ne fût-ce que pour une ou deux journées, en ferait un don généreux à la cité dont il est membre. Il les consacrerait ainsi, en bon Troyen, et se rendant momentanément lui-même l'un des ouvriers conducteurs ou entrepreneurs des travaux de ce comblement nécessaire, à remblayer, sans plus de retards, et transformer tout à coup en une place vaste et salubre, aussi utile à la population que propre, par exemple, aux manœuvres de la garde nationale, ce vaste et fétide foyer croupissant d'émanations marécageuses. Il y a déjà par trop long-tems qu'on lui laisse exercer sa funeste influence sur la santé publique. Puisse-t-il au moins ne plus affliger nos yeux au retour de la saison chaude, qui le rend chaque année plus nuisible, et sutout dans le cas, si utile à prévoir, où nous nous verrions menacé de telle épidémie que ce fût, circonstance fatale qui le rendrait encore plus pernicieux !

En tout état de choses, et fondé sur ce que j'ai dit, je place donc à la fois parmi les plus vrais moyens préservatifs du choléra-morbus, si le malheur voulait que nous en fussions menacés, et en tête de toutes les précautions d'hygiène publique dont la nécessité doit être désormais reconnue indispensable à la ville de Troyes, ce que j'avais déjà demandé comme médecin, père de famille et habitant de Troyes, par un mémoire très-étendu adressé au conseil général du département, dans sa session de 1820, et ce que le *Journal de l'Aube* a plusieurs fois signalé comme urgent dans plusieurs de ses numéros, surtout dans celui du 9 août 1827, LA SUPPRESSION LA PLUS PROMPTE POSSIBLE, OU TOUT AU MOINS L'ASSAINISSEMENT DU MARÉCAGE INFECT RENFERMÉ DANS NOS MURS.

IMP. DE BOUQUOT, TROYES.